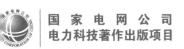

国家电网公司
电力科技著作出版项目

CSEE-SP6-2018-B1

国家风光储输示范工程

储存风光 输送梦想

联合发电

中国电机工程学会
北京电机工程学会 ◎组编

中国电力出版社
CHINA ELECTRIC POWER PRESS

图书在版编目（CIP）数据

联合发电 / 中国电机工程学会，北京电机工程学会组编. — 北京：
中国电力出版社，2018.9

（国家风光储输示范工程 储存风光 输送梦想）

ISBN 978-7-5198-2018-3

Ⅰ.①联… Ⅱ.①中…②北… Ⅲ.①新能源－发电－电力工程－
工程技术 Ⅳ.① TM61

中国版本图书馆 CIP 数据核字（2018）第 090984 号

出版发行：中国电力出版社
地　　址：北京市东城区北京站西街 19 号（邮政编码 100005）
网　　址：http://www.cepp.sgcc.com.cn
责任编辑：周天琦（010-63412243）
责任校对：黄　蓓　太兴华
装帧设计：锋尚设计
责任印制：蔺义舟

印　　刷：北京盛通印刷股份有限公司
版　　次：2018 年 9 月第一版
印　　次：2018 年 9 月北京第一次印刷
开　　本：710 毫米 ×980 毫米　16 开本
印　　张：3.75
字　　数：64 千字
定　　价：25.00 元

联合发电
编委会

主　　编　于德明

副 主 编　刘宏勇　牛　虎

委　　员　杨　猛　刘晓林　王继军　贾洪岩　宋振宇　梁立新

编写人员　周天琦　何　郁　张志华　任　杰　徐晓川　杨成东　郝　峰
　　　　　　李　洋　何聚彬　张文煜

前　言

　　高度重视科学普及，是习近平总书记关于科学技术的一系列重要论述中一以贯之的思想理念。2016年，习近平总书记在"科技三会"上发表重要讲话，强调"科技创新、科学普及是实现创新发展的两翼，要把科学普及放在与科技创新同等重要的位置"。

　　电力是关系国计民生的基础产业，电力供应和安全事关国家安全战略和经济社会发展全局。电力科普是国家科普事业的重要组成部分。当前，电力工业发展已进入以绿色化、智能化为主要技术特征的新时期，电力新技术不断涌现，公众对了解电力科技知识的需求也不断增长。《国家风光储输示范工程　储存风光　输送梦想》科普丛书由中国电机工程学会、北京电机工程学会共同组织编写，包括电力行业知名专家学者、工程管理人员、一线骨干技术人员在内的100余位撰稿人、80余位审稿人参与编撰，是我国乃至世界第一套面向公众，全面介绍风光储输"四位一体"新能源综合开发利用的科普丛书。

本套丛书以国家风光储输示范工程为依托，围绕公众普遍关注的新能源发展与消纳、能源与环保等热点问题，用通俗易懂的语言精准阐述科学知识，全方位展现风力发电、光伏发电、储能、智能输电等技术，客观真实地反映了我国新能源技术发展的科技创新成果，具有很强的科学性、知识性、实用性和可读性，是中国电机工程学会和北京电机工程学会倾力打造的一套科普精品丛书。

　　"不积小流，无以成江海"。希望这套凝聚着组织策划、编撰审校、编辑出版众多工作人员辛勤汗水和心血的科普丛书，能给那些热爱科学，倡导低碳、绿色、可持续发展的人们惊喜和收获。展望未来，电机工程学会要继续认真贯彻习近平总书记关于科普工作的指示精神，切实增强做好科普工作的责任感、使命感，以电力科技创新为引领，以普及电力科学技术为核心，编撰出版更多的电力科普精品图书，为电力行业创新发展，为提高全民科学素质作出新的更大贡献！

郑宝森

2018年6月

目录 | CONTENTS

认识电

电，看不见、摸不着，但在人类生产、生活中扮演着重要角色。工农业生产离不开电，日常生活中的电灯、电视也离不开电，就连被现代人类当作生活必需品的手机，离开了电也会变成无用的"铁盒子"。电，已经渗透到人类世界的每一个角落。电是如此重要和神奇，那么电是如何生产的？我们通常看到的，火力发电厂中冒"白烟"的建筑是烟囱吗？风力发电中，风越大越适合发电吗？天黑后太阳能发电就停止工作了吗？让我们带着这些问题，走进电的世界。

电的知识

　　电是一种电荷运动带来的自然现象，它也是一种物理现象。在大自然里，我们能看到很多电的现象，如静电感应、闪电、摩擦起电等。在生产生活中，电的应用也是随处可见的，如点亮电灯、驱动机器等。

　　下面让我们从电的几个要素——电压、电流、电功率、用电量，来认识一下我们一刻也离不开的"电"吧。

电压

　　俗话说水往低处流，是因为高水位与低水位之间有势能差。电也是如此，电荷在导线（电路）中定向移动，也是因为高电位与低电位之间存在电位差。这个差值称作电势差或电位差，也就是我们常说的电压。换句话说，在电路中，任意两点之间的电位差称为两点之间的电压。电压的单位是伏特，简称伏，符号V。

知识链接

▲ 伏特

（1745年~1827年）

伏特

　　国际单位制（SI）中电位、电动势、电压等量的单位，是为了纪念意大利物理学家亚历山德罗·朱塞佩·安东尼奥·安纳塔西欧·伏特命名的。它的定义为：导线中流过1安的恒定电流时，如果导线两点之间消耗的功率是1瓦，则两点之间的电位差定义为1伏。

电流

电流就像是电荷流动的河流一样。河流有流动方向，电流也有流动方向。电荷有正负之分，在物理学中规定正电荷定向移动的方向为电流方向，而负电荷定向移动的方向与电流方向相反。电流的单位是安培，简称安，符号A。

安培

国际单位制（SI）的基本单位之一，是为纪念法国物理学家、化学家和数学家安德烈·马里·安培命名的。1946年，国际计量委员会（CIPM）提出安培的定义为：在真空中，截面积可忽略的两根相距1米的平行而无限长的圆直导线内，通以等量恒定电流，导线间相互作用力在1米长度上为2×10^{-7}牛时，则每根导线中的电流为1安。

▲ 安培
（1775年~1836年）

电功率

电功率是指电流在单位时间内所做的功，或者是电气设备消耗的电能。电功率的单位是瓦特，简称瓦，符号W。同是节能灯泡或者白炽灯泡时，40瓦的灯泡比15瓦的更亮。这是因为在1秒内，40瓦灯泡消耗的电能比15瓦灯泡消耗的多，电能转化成光能的功率也更大。

瓦特

国际单位制（SI）中功率的单位，是为了纪念苏格兰工程师、商人詹姆斯·瓦特而命名的。如果以每秒1焦耳的均匀速率做功，此时的功率定义为1瓦。

▲ 瓦特
（1769年~1848年）

用电量

　　用电量是指用电负荷所消耗电能的量，常用单位为千瓦·时，符号kW·h，即俗称的度，它等于用电负荷的功率与工作时间的乘积。1度电相当于功率为1000瓦的电器使用1小时所消耗的电能。

知识链接

1千瓦·时电的"力量"

可以供空调（1匹）运行1.36小时

可以供100瓦的电视机工作10小时

可以织出约1米布料

可以供10瓦的节能灯工作100小时

可以供电动汽车行驶5千米左右

电的生产

发电就是利用动力装置将煤炭、石油、天然气等燃料燃烧产生的热能，以及水能、核能、风能、太阳能、生物质能、地热能、海洋能等转换为电能的过程。

早期的电是由燃料燃烧产生的热能，以及水能等传统能源转化而来的；20世纪八九十年代，核能成为重要的发电能源之一；21世纪以来，以太阳能、风能为代表的新能源用于发电的比例不断增加。

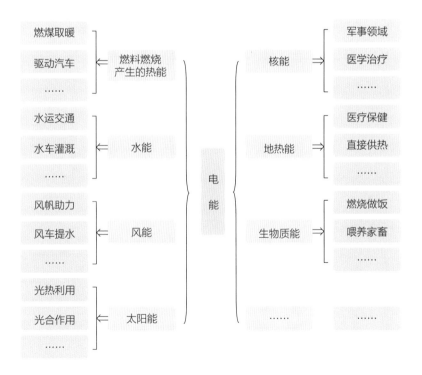

火力发电

火力发电，即利用煤炭、石油、天然气等化石燃料的燃烧进行电力生产的发电方式。

按燃烧的化石燃料种类，火力发电可分为燃煤发电、燃油发电、燃气发电。其中，历史最为悠久、使用最为广泛的是燃煤发电。

燃煤发电的能量转换：**煤炭燃烧产生的热能→机械能→电能。**
燃煤发电生产过程如下图所示。

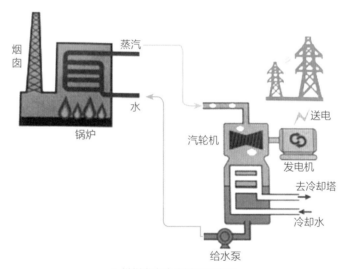

▲ 燃煤发电生产过程示意图

在燃煤发电中，发电系统中的水是循环利用的。高温高压的蒸汽做功后（推动汽轮机）凝结为高温的水，而高温的水再次进入锅炉前需经过冷却，冷却过程中产生的水蒸气就是我们所看到的粗大"烟囱"排出的"白色烟雾"。这些粗大"烟囱"叫作冷却塔。

冷却塔排放的是水蒸气，烟囱排放的是处理后达标的烟气，两者的排放物均为"白色烟雾"，那么如何能一眼分辨出两者的真实身份呢？其实烟囱和冷却塔的"身材"差异很大，冷却塔"身材"矮胖，多为双曲线形；而烟囱则"身材"瘦高，且"穿"有横条纹"外套"。

从1875年法国巴黎北火车站建成世界上第一座火力发电厂至今，经历了140多年的发展与完善，火力发电技术已成为成熟、可靠的发电技术。

▲ 冷却塔　　　▲ 烟囱

 知识链接

在役装机容量最大的火力发电厂

截至2017年底，位于内蒙古呼和浩特市的大唐托克托发电厂成为世界上在役装机容量最大的火力发电厂，总装机容量达到672万千瓦。它拥有8台60万千瓦机组、2台66万千瓦、2台30万千瓦机组。

水力发电

　　水力发电简称水电，是指开发河川或海洋的水能资源，将水能转换为电能的发电方式。

　　水力发电有很多形式，利用河川径流水能发电的叫作常规水电；利用海洋潮汐能发电的为潮汐能发电；利用波浪能发电的为波浪发电；利用用电低谷时的电能抽水蓄能，等到用电高峰时放水发电的叫作抽水蓄能发电。

　　水力发电的能量转换：**水流的动能和势能→水轮机的机械能→电能。**

 知识链接

中国大陆第一座水电站

　　位于云南省昆明市的石龙坝水电站是中国大陆第一座水电站。该水电站于1910年开工建设，于1912年建成投运，最初装机容量仅为480千瓦。截至2018年8月，石龙坝水电站装机容量达6000千瓦。石龙坝水电站于2006年5月25日被国务院批准列入第六批全国重点文物保护单位名单。

▲ 仍在运行中的石龙坝水电站

水力发电生产过程如右图所示：水从高处流下，利用高低水位落差，以其重力做功推动水轮机旋转，带动发电机发出电力。

水能是可再生能源，水力发电是清洁的发电方式，同时还具有防洪、航运等功能。

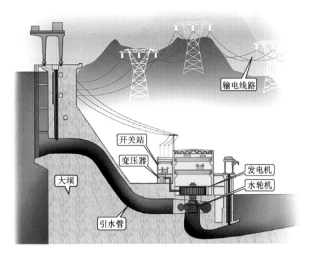

▲ 常规水电站发电原理图

 知识链接

三峡水电站

三峡水电站于1994年12月正式开工建设，2003年开始蓄水发电，2009年全部完工，共安装32台单机容量为70万千瓦机组和2台单机容量为5千瓦机组，总装机容量为2250万千瓦，是当今世界上装机容量最大的水电站。

（中国能源建设集团有限公司　提供）

核能发电

核能发电是指利用核反应堆中核裂变所释放出的热能进行发电的发电方式。主导堆型有压水堆、沸水堆、重水堆等，其中应用最广泛的为压水堆。

世界上第一座核电站

1954年，苏联在莫斯科郊区建成奥布宁斯克核电站，是世界上第一座并入电网的试验型核电站，其功率为5000千瓦，可以为2000户居民供电。它的投入使用标志着人类核电时代的到来，也意味着核能的和平利用成为现实。

核能发电的能量转换：**核能→热能→机械能→电能**。

核能发电生产过程如下图所示。

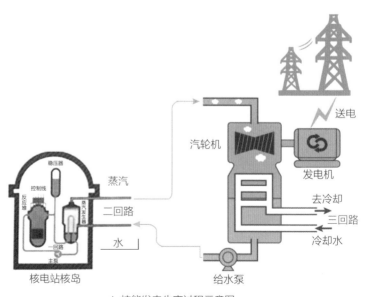

▲ 核能发电生产过程示意图

　　不少人"谈核色变"，主要是出于核安全的考虑，究其原因是对"核"的不甚了解。①关于爆炸：核电站的反应堆内为可控核裂变，可裂变的物质浓度仅为3%~4%，远低于核爆炸所需要的90%以上的浓度，不会发生核爆炸；②关于排放：核电站排放的废水、废气等都经过严格的监控和处理，净化后的废水、废气几乎接近自然水平，不会对环境造成影响；③关于"核废料"：人们担心的核废料，其高放射性裂变物质含量仅为1%~2%，将经处理后的"核废料"玻璃固化埋藏于地下，不会对环境造成威胁。

  知识链接

大亚湾核电站

　　大亚湾核电站坐落于广东省深圳市以东大亚湾畔的大鹏半岛上，是从国外引进技术、设备，具有20世纪80年代后期国际先进水平的大型商业核电站。它于1984年开始建设，安装两台容量为984兆瓦的核电机组，分别于1994年2月和5月投入运行。

（汪兆富　提供）

风力发电

风能作为可再生清洁能源，蕴量巨大。中国风能资源丰富，特别是在"三北"地区，即东北、华北、西北地区，风力发电有广泛的应用前景。将风蕴含的动能转换为电能的方式即为风力发电，简称风电。

将风能转换为电能的设备是风力发电机组，简称风电机组，它由风轮、传动系统、发电机、控制系统、偏航系统、机舱、塔架和机组基础等设备和系统构成。风力发电已有一个多世纪的发展历程。

  知识链接

国家风光储输示范工程风力发电场

国家风光储输示范工程风力发电场位于河北省张家口市张北县，规划装机容量为500兆瓦。截至2017年底，该风电场共装设了59台单机容量2兆瓦双馈异步型风电机组、70台单机容量3兆瓦双馈异步型风电机组、43台单机容量2.5兆瓦永磁直驱型风电机组、2台单机容量3兆瓦永磁直驱型风电机组和1台单机容量5兆瓦永磁直驱型风电机组。

风力发电的能量转换：**风能蕴含的动能→风轮的机械能→电能。**

风力发电由风作为原动力，但并不是越大的风越适合发电。风速过大，会导致风电机组摆幅增大、叶片损坏甚至折断等危险。当风速过大时，风力发电机组会自动停止发电。一般风速为3.0~25.0米/秒，即3~9级的风可用来发电。随着科学技术的发展，低风速风力发电机组开发和制造技术取得突破，并开始获得应用。

风力等级

风力等级	名称	风速（米/秒）	陆地物象	风力等级	名称	风速（米/秒）	陆地物象
一级	软风	0.3~1.5	烟示风向	七级	疾风	13.9~17.1	步行困难
二级	轻风	1.6~3.3	感觉有风	八级	大风	17.2~20.7	折毁树枝
三级	微风	3.4~5.4	旌旗展开	九级	烈风	20.8~24.4	小损房屋
四级	和风	5.5~7.9	吹起尘土	十级	狂风	24.5~28.4	拔起树木
五级	劲风	8.0~10.7	小树摇摆	十一级	暴风	28.5~32.6	损毁重大
六级	强风	10.8~13.8	电线有声	十二级	飓风	32.7~36.9	摧毁极大

太阳能发电

太阳能发电是将太阳光转化为电能的过程，主要包括太阳能光伏发电和太阳能热发电两种发电方式，两种方式都是清洁的发电方式，不向外界排放废物。

太阳能光伏发电可以直接将太阳的辐射能转换成电能。它利用太阳能电池有效吸收太阳辐射，将太阳辐射能直接转换成电能输出。

太阳能光伏发电的能量转换：**太阳辐射能→电能。**

太阳能电池是太阳能光伏发电中最主要的部分，这种电池可以在任何有阳光的地方使用，不需要其他燃料，只是到了晚上这

国家风光储输示范工程太阳能光伏电站

　　国家风光储输示范工程太阳能光伏电站装机容量为100兆瓦，拥有多晶硅、单晶硅、非晶薄膜、高倍聚光等多种光伏组件，既有固定式光伏阵列，又有平单轴、斜单轴和双轴等多种跟踪方式的光伏阵列。

种电池就不能工作了。

　　太阳能热发电是收集太阳辐射能转换成热能再产生电能的发电方式，主要有抛物面槽式、线性菲涅耳式、塔式、蝶式太阳能发电和太阳能热气流发电。

　　太阳能热发电的能量转换：**太阳辐射能 → 热能 → 电能**。

　　与太阳能光伏发电相比，太阳能热发电的优势是可以利用热储存装置实现连续发电，利用热储存装置将白天太阳能产生的热能储存起来，到了夜晚就可以继续进行能量转换，昼夜不停地进行发电了。这种电站不仅可以发电，还可以供热，可谓一举两得。

　　塔式太阳能热发电生产过程如下图所示。

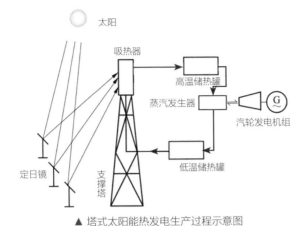

▲ 塔式太阳能热发电生产过程示意图

知识
链接

八达岭太阳能热发电试验电站

　　八达岭太阳能热发电试验电站位于北京市延庆区，其额定发电功率1兆瓦，是中国自主设计与建造的第一座兆瓦级规模的塔式太阳能热发电站。该电站于2009年开工建设，2012年首次发电试验成功。

（中国科学院电工研究所　提供）

生物质发电

生物质发电是指将生物质的化学能变为电能的技术，可利用垃圾、沼气等生物质进行发电，是可再生能源发电的一种。

生物质发电的能量转化：**生物质中的化学能→热能→机械能→电能。**

以垃圾发电为例。首先对收集到的垃圾进行分类处理，将其中热值较高的垃圾进行高温焚烧，利用其产生的热能加热水，产生蒸汽推动汽轮机，带动发电机发电；而对那些不适宜燃烧的有机物垃圾进行发酵等处理，使其产生沼气，再利用沼气燃烧发电。

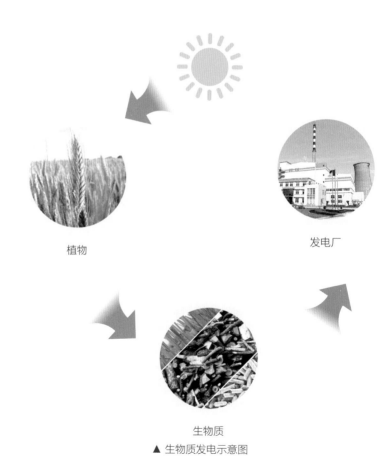

植物

发电厂

生物质

▲ 生物质发电示意图

地热发电

地热发电是利用地下热水和蒸汽等地热资源为动力的发电方式。

地热发电的能量转换：**热能→机械能→电能**。

世界上大功率的地热发电主要分为地热干蒸汽发电和地热湿蒸汽发电。其中，地热干蒸汽发电直接利用来自地热井的干蒸汽驱动汽轮机发电；地热湿蒸汽发电需经过汽水分离器分离出饱和的干蒸汽再进入汽轮发电机组发电。地热湿蒸汽发电是全球地热发电的主流。

知识链接

羊八井地热发电站

羊八井地热发电站位于西藏自治区拉萨市当雄县，海拔4300米，是世界上海拔最高的地热电站。它利用羊八井地热田125～160℃中高温湿蒸汽发电，1977年开始发电运行，截至2017年电站累计发电量已超过30亿千瓦·时。所发电力馈入西藏藏中电网，并为青藏高原环境保护做出重要贡献。

海洋能发电

海洋能主要包括潮汐能、波浪能、海流能、海水温差能、海水盐差能等。海洋能蕴藏丰富，分布广阔，但能量密度低，地域性强，开发困难并有一定的局限。海洋能的开发利用方式以发电为主，其中以潮差发电为主的潮汐能发电和小型波浪发电技术已经实用化。

在潮差大的海湾入口或河口筑堤建坝、构成水库，在坝内（侧）装设水轮机，利用堤坝两侧水位差发电，就是潮差发电。

潮差发电的能量转换：**潮汐的势能→水轮机的机械能→电能**。

江厦潮汐电站

江厦潮汐电站位于浙江省温岭市，主要利用潮差发电，共有6台机组，前5台于1980~1985年间投入运行，装机容量3200千瓦；第6台机组于2007年投入运行，装机容量700千瓦。

（浙江省电力学会　提供）

电的安全

由于电能是人们眼睛无法看见的能量，而电的力量又是巨大的，因此我们在享受电带来便利的同时，也要注意电的安全。

安全标志

安全标志是用以表达特定安全信息的标志，由图形符号、安全色、几何形状（边框）或文字构成。

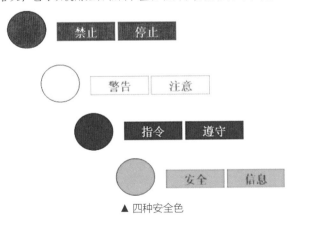

知识链接

安全色

安全色是用来表达安全信息含义的颜色，安全色规定为红、蓝、黄、绿四种颜色。

为了使安全色更加醒目，安全色一般不单独使用，往往要增加对比色加以反衬。用作对比色的反衬色有黑、白两种，白色用于与红、蓝、绿色对比，黑色用于与黄色对比。特殊情况下，为了表示强化含义，也可以使用红白相间、蓝白相间、黄黑相间的条纹。

| 禁止 | 停止 |

| 警告 | 注意 |

| 指令 | 遵守 |

| 安全 | 信息 |

▲ 四种安全色

安全标志是用来警示工作场所或周围环境的危险状况，指导人们采取合理行为的标志。安全标志能够提醒人们预防危险，从而避免事故发生；当危险发生时，能够指示人们尽快逃离，或者指示人们采取正确、有效、得力的措施，对危害加以遏制。

常见的电力安全标志如下图所示。

▲ 常见电力安全标志

电气火灾

发生电气火灾的原因一般有：短路、严重过载、接触不良、电器散热不良等。在选购、安装电器及插座时必须保证质量，选择正规厂家生产的合格产品；在使用过程中，如发现插座接线松动、接触不良或有过热现象也应引起重视，及时维修。

知识链接

国家3C认证

中国家用电器属于国家3C认证的产品之一。国家3C认证的全称为"中国强制性产品认证"，它是中国政府为保护消费者人身安全和国家安全、加强产品质量管理、依照法律法规实施的一种产品合格评定制度。

中国强制性产品认证——国家3C认证

电气火灾发生之前，一般会有征兆——导线因过热产生的烧胶皮、烧塑料的难闻气味。一旦闻到此气味，在未查到其他原因的情况下，应断开空气开关，请专业人员检查、妥善处理后方可正常使用电器。

如发生电气火灾，第一时间不是泼水而是切断电源！

安全距离

空气是最廉价且取之不尽的绝缘材料,适当调整带电体与人之间、带电体之间、带电体与地面及其他设施之间的距离,就可以防止人体触电、对地短路等事故的发生。与带电体需保持的最小距离就是安全距离,又称安全净距、安全间距。人体与不同电压等级带电体的安全距离标准如下图所示。

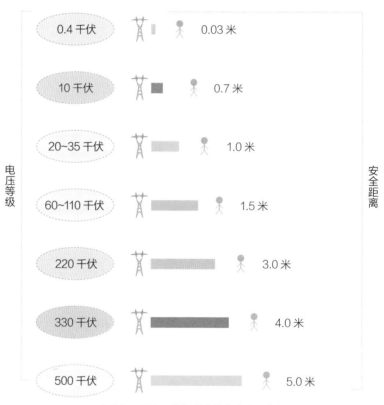

▲ 人体与不同电压等级带电体的安全距离标准

触电急救

当人体接触的电压高于36伏时，可能会引起人体触电。

人体触电是人体直接接触电气设备的带电部分时电流通过人体的现象，简称触电。

触电急救是对发生触电事故者进行的抢救，触电急救流程如下图所示。

触电急救流程图

```
        确保救护安全，使触电者脱离电源
                    │
         判断触电者意识，及时拨打120 📞120
          ┌─────────┴─────────┐
        无意识              有意识
          │                   │
   立即心肺复苏，有条      检查伤情 ┄┄┄┄┄┄┄┐
   件的用自动体外除颤                      │
   仪除颤                                  │
          │                               │
   每心肺复苏5个循    有合并伤，如烧伤、   无合并伤，解开触电者
   环，除颤1次，综合   出血、骨折，给予相   紧身衣物，就地休息，
   评估病情           应救护               适当饮用温糖水、茶水
          │               │                   │
   无合并伤，坚持心肺复         送医院诊治
   苏至医护人员到达或触电者意识恢复正常
```

问与答

问题1：电是如何生产的？

答：我们日常生活、生产中使用的电大多是发电厂生产的。人类利用动力装置将燃料燃烧产生的热能，以及水能、核能、风能、太阳能、生物质能、地热能、海洋能转换成电能。

问题2：火力发电厂中冒白烟的建筑都是烟囱吗？

答：火力发电厂中冒白烟的建筑共有两种，但并非全为烟囱。一是烟囱，即"高瘦"建筑，通常烟囱较高，且红白色的外观较为醒目。烟囱所冒出的白烟为烟气，是经脱硫、脱硝、除尘等一系列处理达标后经烟囱排出的。二是冷却塔，即"矮胖"建筑，冷却塔排出的白烟为水蒸气，是不会造成污染的。

问题3：风力发电中，风越大越适合发电吗？

答：不是越大的风越适合发电。风速过大，会导致风机摆幅增大、叶片损坏甚至折断，发生危险。所以当风速过大时，为避免安全隐患，风力发电机组会停止运行。

问题4：天黑后太阳能发电就停止工作了吗？

答：太阳能光伏发电直接把太阳光转化成电能，当太阳落山后就不能再进行发电。但太阳能热发电不同，它利用太阳能产生热能进行发电。太阳能光热电站配备热存储设备，即使太阳落山后，也可以产生蒸汽，推动汽轮发电机组发电。

CHAPTER

2

多能源联合发电

随着化石能源资源供应的日益紧张以及人们对气候变化等全球性环境问题关注的不断升温，人们将目光投向了新能源。新能源发电的间歇性、随机性等又对整个电力系统的安全稳定提出了更高的要求；而多能源联合发电能够更好地解决这些问题。那么什么是多能源联合发电？多能源联合发电有哪些形式？为什么风力发电、太阳能发电等新能源发电方式与其他发电方式联合起来能够达到为用户提供稳定电能的目的？下面让我们一起走进多能源联合发电的世界。

多能源联合发电，简称联合发电，是指利用各种能源之间的发电网络互联所组成的发电系统，其本质就是利用不同能源发电的互补性，提高电能利用率及供电可靠性。就像乐团一样，联合发电将多种发电方式组合到一起，灵活选择各发电和弦，谱出平滑、稳定的电力乐章以满足用户需求。

联合发电的形式可以是传统能源发电系统之间的互济，可以是新能源与传统能源之间的互补，可以是新能源发电系统之间的互补，也可以是各种能源与化学储能之间的联合。多能源联合发电可以充分利用各能源的特点，如风忽大忽小、太阳光有强有弱，在不同发电方式之间进行联合，从而实现在风能丰富时以风力发电为主，太阳能充沛的时候以太阳能发电为主，灵活调节，以减少能源的浪费。

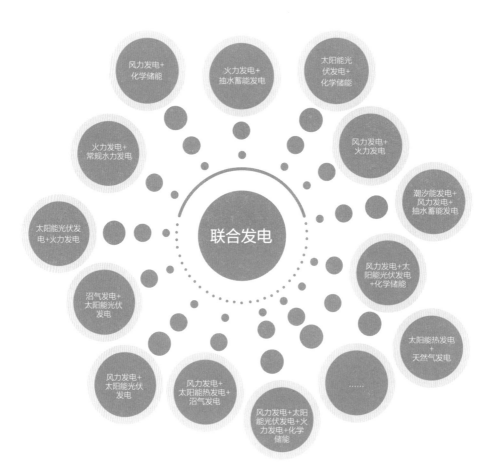

传统能源互济联合发电

传统能源发电包括火力发电、水力发电、核能发电等。传统能源互济的联合发电最有代表的为火力发电+水力发电。

火力发电+常规水力发电

火力发电和常规水力发电联合，可以有效避免季节对常规水力发电的影响，最大程度利用水能。多雨季节，水能充沛，常规水力发电供应充足，以常规水力发电作为主要电力来源，而利用火力发电进行备用补充；枯水季节，常规水力发电供电不足时，则以火力发电机组发电为主。这样水火互济，就可提供稳定、可靠的电能供应。

火力发电+常规水力发电的联合发电形式，使两种发电方式互为补充，提高了能源利用率和供电可靠性，增强了电网抗风险能力。

火力发电+抽水蓄能发电

　　抽水蓄能是指将低位水抽至高位存放的储能方式，可将抽水消耗的电能转化为高位水的势能。而抽水蓄能发电是指将抽水蓄能储蓄的能量转换成电能，即将高位的水释放，利用高位水冲击水轮机，从而带动发电机发电。所以抽水蓄能电站既是电力用户也是发电厂，既可利用电能提供动力进行抽水储蓄能量，又可利用高位水的水能发电。

名词解释

削峰填谷

　　削峰填谷的本意是削低山峰来填平山谷，也就是说用山峰的泥土或沙石来填平山谷。在电力系统中，将削峰填谷形象地引申成适用于电力系统平滑出力、减小出力峰谷差的意义。

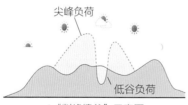

尖峰负荷

低谷负荷

▲ "削峰填谷" 示意图

　　当火力发电与抽水蓄能发电联合时，以火力发电为主，抽水蓄能发电主要起调节作用。在用电低谷时段，火力发电机组所发电量多于用户需求，此时将多余电能用于抽水蓄能，即利用电能将低位水抽到高位水库中；在用电高峰时段，火力发电机组所发电量不足以满足用户需求，抽水蓄能电站将高位水进行释放，水池中的水像瀑布一样从高处流下，冲击水轮机带动发电机发电，以满足用户需求。

　　火力发电+抽水蓄能发电的联合发电形式，可以利用抽水蓄能进行削峰填谷，且不受河流水流旱涝的影响。

新能源与传统能源互补联合发电

　　新能源与传统能源进行互补联合可以解决新能源发电出力波动的问题，更有利于新能源的利用，实现节能减排。新能源在联合发电系统中可作为主要能源，也可在某些时候起到辅助作用。

风力发电+火力发电

　　风能不稳定，风速大小不定。利用风能所发电能也就难免时大时小，直接将风电大规模接入电网，必将会对电网的稳定运行造成巨大冲击。

　　以中国"三北"地区为例，每年6~9月"三北"地区风力发电出力较低。此时，以火力发电作为主要电力来源，以风力发电作为补充；而其他月份风速较大，风力发电出力较高，可提高在电网中的风力发电占比，由火力发电平滑出力，有利于电网稳定运行。

太阳能热发电+天然气发电

　　将太阳能热发电与天然气发电联合，当阴天多云、太阳光照较弱时太阳能热发电产生的热量不足以产生足够的电能，此时可以通过天然气发电作为补充；当天气晴朗、阳光普照时，可以减少天然气的燃烧，将太阳能热发电作为主要发电方式。太阳能热发电+天然气发电的联合发电形式，利用两种发电方式的特性进行互补，在获得充足、平稳电能的情况下，充分利用了清洁的太阳能，减少化石燃料的燃烧。

 知识链接

华能南山电厂太阳能热发电科技示范项目

　　2012年10月30日，中国第一座兆瓦级线性菲涅耳式光热联合循环混合电站在海南三亚建成。该电站装机容量1.5兆瓦，可产生3.5兆帕、400℃以上的过热蒸汽。它与华能南山电厂相邻，是华能南山电厂太阳能热发电科技示范项目的重要组成部分。

　　华能南山电厂是中国第一个海洋天然气发电厂，拥有两套5万千瓦燃气轮发电机组和两台1.6万千瓦联合循环机组，发电装机容量为13.2万千瓦。

　　该项目产生的过热蒸汽直接接入华能南山电厂原有机组，供给汽轮机发电，可替代部分天然气发电，年减排二氧化碳约900吨。

太阳能光伏发电+火力发电

　　太阳辐射覆盖区域广，且只在白天出现而夜间消失。在晴天、无云的理想状态下，太阳能光伏发电的出力曲线接近于抛物线；但现实生活中，天气对太阳能发电出力的影响较大，阴天时太阳能光伏发电曲线波动大，像个刺猬。因此，太阳能光伏发电出力具有一定的随机性。

　　不只天气阴晴，同样阳光充足的天气，云朵的漂移也会造成太阳能光伏发电出力的波动。当云朵遮挡太阳时，光辐照度降低，太阳能光伏发电的出力下降；而云朵飘走后，光照充足，太阳能光伏出力又会上升。因此，白天阳光充足时太阳能光伏发电也不一定出力平稳，出力曲线也会有小的波动。

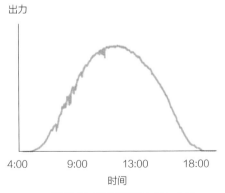

▲ 晴天时太阳能光伏发电出力曲线

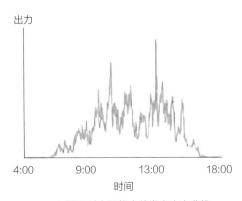

▲ 阴天时太阳能光伏发电出力曲线

因此，在太阳能光伏发电+火力发电的联合发电形式中，白天发电的主力是太阳能光伏发电，火力发电仅需进行相应的补充、调节，就可满足用户的日常需要；而夜间，太阳能光伏发电系统无法工作，则完全由火力发电来进行电能供给。

潮汐能发电+风力发电+抽水蓄能发电

在此种联合发电形式中，新能源不是直接用于发电，而是作为另一种能源发电的迁移及转换，就像接力一样，故可称为接力发电。

潮起潮落、风大风小，这些自然现象不为人类所控制，潮汐能和风能很不稳定，其发电出力波动性较大。将这两种发电方式与抽水蓄能发电联合，利用水泵和风力带动发电机抽水到海岸附近的高位水库中进行蓄能，再加上雨水等初始水源，就形成了抽水蓄能电站，而真正的发电任务是由抽水蓄能电站完成的。这样各能源间进行接力为用户提供稳定的电能供应。

新能源互补联合发电

　　新能源互补联合发电，充分利用了各种新能源发电的特点和互补性进行联合，提高了电能可靠性，增强了能源利用率，达到了1+1>2的效果。

沼气发电+太阳能光伏发电

　　沼气发电是指以沼气燃烧提供动力发电的发电方式。沼气发电+太阳能光伏发电的联合发电形式有一个更为生动的名字——沼光互补种养结合，即以沼气发电弥补太阳能光伏系统无光不发电的问题，光沼联合提供稳定的电能供应。增高光伏系统支架，在太阳能光伏电池板下方种植牧草等作物，并饲养牲畜家禽等动物，以生产过程中的有机垃圾、粪便等作为沼气池的原料。沼气发电启动方便，易于调整输出功率，可动态跟踪电网需求，随时弥补太阳能光伏发电的不足。建设沼气发电站成本较低，其原料为废弃物，成本同样很低，这样便实现了廉价持续发电的目标，实现了节能减排。

风力发电+太阳能光伏发电

风的大小不为人类所左右，风力发电的出力也会随之改变；太阳东升西落，云朵随风移动，这些则影响着太阳能光伏发电出力的稳定性。风力发电和太阳能光伏发电都是具有随机性和波动性的发电方式，但二者在分布时间及利用上又各具特色。在太阳能、风能资源丰富的地区，白天太阳光充足，而晚上虽没有太阳光但风能丰富，二者在大体上形成互补。

在风力发电+太阳能光伏发电的联合发电形式中，白天的时候二者"齐鸣"，而夜晚的强风则支持了风力发电的"独奏"。此种联合发电形式，虽未能与火力发电出力相比，但较二者"独奏"时出力波动有所减缓。

考虑风能和太阳能的季节特性，风力发电+太阳能光伏发电的形式同样能使整个系统输出较为稳定。冬季太阳辐射弱而风力强，以风力发电为主；夏季太阳辐射强而风力弱，则以利用太阳能为主。风光互补，共谱电力乐章。

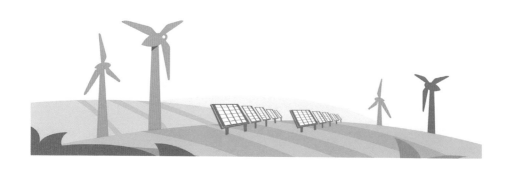

风力发电+太阳能热发电+沼气发电

与潮汐发电+风力发电+抽水蓄能发电的联合发电形式相同，此种联合发电形式也为接力发电。

太阳能和风能都不稳定，用其发电产生的电能存在波动性。那么换种思路，利用太阳能和风能为沼气池提供搅拌的动力和保温的热量，促进沼气池中的有机物稳定地进行中温发酵，提高产气率；再燃烧沼气，利用沼气发电，即可解决波动性、随机性造成的新能源发电对电网的冲击，达到平稳上网的目的。

 知识链接

联合发电模式

联合发电可以分为季节性互补、接力发电（梯级利用）、多种能量输出等模式。

（1）季节性互补：根据各种能源自身能量的季节性波动变化进行互补，使整个系统得到较为稳定的输出，提高能源装置利用率，如火力发电+常规水力发电。

（2）接力发电（梯级利用）：不直接利用波动性较大的能源发电，而是将其作为另一种能源发电的前一级转换，如潮汐能发电+风力发电+抽水蓄能发电、风力发电+太阳能热发电+沼气发电。

（3）多种能量输出：根据各种能量的性质和特点以有效的能量输出形式，按不同的能级分别加以利用，组成联合系统提高总效率，如新能源联合发电、供热、制冷系统。

各种能源与化学储能联合发电

电能是否可以存储起来，就像我们生活中常见的干电池一样？如果在联合发电系统中加入储能技术，将电能储存起来，在新能源发电出力波动时，就可实现实时调节、达到平稳输出、提高电能质量的目的。

风力发电+化学储能

风能的随机性、间歇性，造成了风力发电出力忽高忽低、极不稳定，而将风力发电与化学储能系统进行联合，以风力发电为

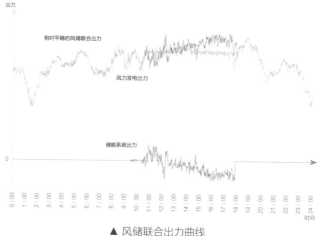

▲ 风储联合出力曲线

主，储能设备根据风力发电出力实时调节，即在风力发电出力过高时，对化学储能系统进行充电，而风力发电出力较小时，由化学储能系统放电补充。风储联合抑制了出力波动并适当填补差异，实现了新能源发电输出的平稳可控。

太阳能光伏发电+化学储能

　　阴晴变化、云卷云舒都会造成太阳能光伏发电输出功率的振荡，会给电网调峰造成极大的困难；为了提升太阳能光伏发电的电能质量，提高电网的安全稳定，引入化学储能是有效措施。对应相应的天气情况，化学储能系统进行充放电实时调节，从而及时地抑制波动并适当地填补差异，确保光储联合输出平稳可控。

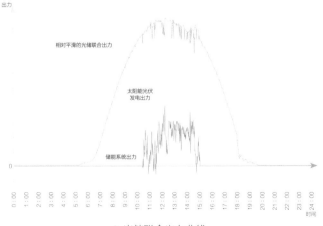

▲ 光储联合出力曲线

风力发电+太阳能光伏发电+化学储能

  风力发电+太阳能光伏发电联合形式的出力虽可以在一定程度上减小出力波动、提高电能质量，但其出力与火力发电等传统发电方式仍有一定差异。

  为了进一步完善上述风力发电+太阳能光伏发电联合形式出力不够平滑、稳定的问题，有人提出将化学储能技术运用进风力发电+太阳能光伏发电的联合发电系统中。就像我们生活中常见的干电池，在风力发电+太阳能光伏发电的联合发电系统中加入储能技术，在发电量充沛时将电能储存起来，在出力波动时实时

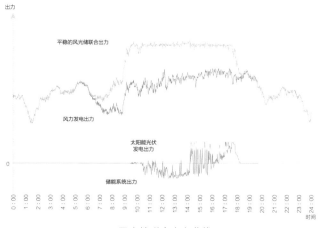

▲ 风光储联合出力曲线

调节、抑制波动、削峰填谷，使电能平稳输出，为用户提供高品
质电能。

风光储联合发电路灯

　　化学储能与新能源发电相结合的典型案例就是这种风光储联合
发电路灯。白天，无论风力发电系统还是太阳能光伏发电系统产生
电能，可储存到化学储能设备中；夜晚没有阳光，太阳能光伏发电
系统无法产生电能，化学储能设备就利用白天储存的能量为路灯供
电，而夜晚的风力发电机组可继续工作，与化学储能设备一起为路
灯提供持续电能。通过风力发电+太阳能光伏发电+化学储能的联合
互补，实现风光资源的合理利用，使路灯在多清洁电源的途径下，
持续保持明亮。

风力发电+太阳能光伏发电+火力发电+化学储能

　　风力发电+太阳能光伏发电+化学储能的联合发电形式可以得到较为稳定的电力输出，但如果此系统出现故障又该如何保障电力供应呢？在原有风光储联合发电的基础上加入火力发电就可以解决这个问题。同一时刻仅有柴油发电机组或风光储联合发电作为主要电源，就可以提供稳定的电能供给。当火力发电机组作为主电源运行时，可根据蓄电池的电荷状态对其进行充电。火力发电机组停机情况下，储能系统的灵活调节保证了各类能源的综合利用，确保了供需互动、节约高效的用能方式。

　　同理，也可将此联合发电系统中的风力发电换为水力发电，也可以实现电能稳定地输出。

问与答

问题1：什么是多能源联合发电？

答：多能源联合发电是指利用燃料燃烧产生的热能，以及水能、风能、太阳能等能源之间的发电网络互联所组成的发电方式，简单来说就是将火力发电、水力发电、风力发电、太阳能发电等发电方式互联起来所组成的发电方式。

问题2：多能源联合发电有哪些形式？

答：多能源联合发电的形式不限于能源种类，可以是传统能源发电系统之间的互济，如火力发电+抽水蓄能发电的形式；可以是新能源与传统能源之间的互补，如太阳能光伏发电+火力发电的形式；可以是新能源发电系统之间的互补，如风力发电+太阳能光伏发电的形式；也可以是各种能源与化学储能之间的联合，如风力发电+太阳能光伏发电+化学储能。

问题3：为什么风力发电、太阳能发电等新能源发电方式要与其他发电方式联合起来能够达到为用户提供稳定电能的目的？

答：风能、太阳能等新能源具有不稳定性，如风忽大忽小、太阳夜伏昼出、光线有强有弱等。这些特性造成了其发电出力的波动性、随机性，易对电网造成冲击。根据能源的特性，将新能源发电方式与传统能源发电方式等联合，进行互补，就可以协调控制各种发电方式，达到平稳输出，为用户提供稳定的电能的目的。

CHAPTER

3

联合发电
典型工程

联合发电理论的提出解决了化石能源资源供应紧张、气候变化等全球性环境问题及新能源特性带来的利用不充分等问题，可谓是发电家族的"超级明星"，广受各界关注。许多国家、地区依据自身能源结构建设起了联合发电工程，将联合发电从理论变为现实。你知道荣获第四届中国工业大奖的国家风光储输示范工程吗？你知道国家风光储输示范工程有哪几种运行组态吗？你听说过利用联合发电满足自身供电需求的小岛吗？让我们一起走进联合发电的典型工程吧！

国家风光储输示范工程

国家风光储输示范工程位于河北省张家口市张北县西部，于2009年4月开工建设，截至2017年底已建成风力发电装机容量445.6兆瓦、光伏发电装机容量100兆瓦、储能容量32兆瓦，且仍在扩建中。国家风光储输示范工程是目前世界上最大的集风力发电、太阳能光伏发电、储能装置和智能输电"四位一体"的新能源综合性示范工程，于2016年荣获第四届中国工业大奖❶。

国家风光储输示范工程提出了风光储七种运行组态的联合发电，即风力发电、储能发电、太阳能光伏发电、"风+光"发电、"光+储"发电、"风+储"发电、"风+光+储"发电，通过实时调节风、光、储各单元的运行状态，使联合发电系统能够准确、快速地参与电网调度任务，为解决新能源大规模集中开发、集成应用的世界性难题提供了"中国方案"。

▲ 国家风光储输示范工程

---

❶ 中国工业大奖是2007年由国务院批准设立的中国工业领域最高奖项，每三年评选、表彰一次，被誉为中国工业的"奥斯卡"，旨在表彰代表中国工业发展最高水平，以及对增强综合国力、推动国民经济发展作出重大贡献的工业企业和项目。

西藏阿里光水油储互补发电系统

　　位于中国西藏阿里地区的光水油储互补发电系统于2008年开始研究规划。该系统是集10兆瓦太阳能光伏电站、4×1600千瓦水力发电机组、4×560千瓦柴油发电机组和24×2兆瓦·时储能为一体的综合发电系统，独立于大电网，单独为西藏阿里地区供电。其中的10兆瓦太阳能光伏电站已于2013年11月竣工并投入运行。该互补发电系统的建设将有效缓解阿里地区用电紧缺的矛盾，为地区经济发展提供电力支撑。

浙江舟山东福山岛风光油储微电网示范工程

位于浙江舟山市东福山岛的风光油储微电网工程于2011年7月正式运行，项目总装机容量510千瓦，其中包含风力发电和太阳能光伏发电装机容量310千瓦，柴油发电装机容量200千瓦，储能蓄电池组容量2000安·时。东福山岛风光储微电网项目为孤岛微电网系统，主要为全岛居民提供生产、生活所需电能。此项目的成功运行不但成功解决了远离大陆电网的海岛供电问题，而且成为一项重要的新能源示范工程。

▲ 浙江舟山东福山岛风光油储微电网示范工程

微电网

微电网是指由分布式电源、储能系统、能量转换装置、监控和保护装置、负荷等汇集而成的小型发、配、用电系统，也称微网。微电网具备完整的发电和配电功能，是一个能够实现自我控制、保护和能量管理的自治系统。在有些情况下，微电网在满足用户电能需求的同时，还可以满足用户热能的需求。

青海玉树水光储互补发电示范项目

位于青海玉树州的水光储互补发电示范项目于2011年12月并网发电，项目包含太阳能光伏发电装机容量2兆瓦，水力发电装机容量12.8兆瓦，储能系统容量15.2兆瓦·时。它是中国首个兆瓦级水光互补微电网发电项目。在联网和微电网条件下，该项目均能安全稳定运行，满足了玉树电网联网运行和微电网运行的要求。

▲ 青海玉树水光储互补发电示范项目中的光伏电站

知识链接

联合发电运行方式

联合发电运行方式可分为独立混合运行、并网运行、微电网混合运行。

（1）独立混合运行：多种能源互补发电独立于大电网，单独为负荷供电，如阿里光水油储互补发电系统、东福山岛风光油储微电网示范工程。独立混合发电系统常用于偏远地区的农牧民家庭供电或道路远程监控、通信基站等。

（2）并网运行：多种能源互补发电可通过10千伏及以上电压等级与公共电网连接，并统一接受电力系统调度指令，如国家风光储输示范工程就是典型风光互补并网发电系统。

（3）微电网混合运行：微电网混合发电系统既可并入公共电网，也可孤立运行。孤立运行时可独立支撑电网电压，并可在微电网系统内部进行电力调度。正常情况下，微电网与配电网并联运行，减少馈线损耗，对当地电压起支撑作用；当配电网发生故障时，微电网与配电网无缝解列而成孤岛运行，保证重要用户电力供应不间断。

问与答 ?

问题1：你知道荣获第四届中国工业大奖的国家风光储输示范工程吗？

答：国家风光储输示范工程是世界首创的风光储电站，是目前世界上最大的集风力发电、太阳能光伏发电、储能装置和智能输电"四位一体"的新能源综合性示范工程，荣获了第四届中国工业大奖。

问题2：你知道国家风光储输示范工程有哪几种运行组态吗？

答：国家风光储输示范工程提出了风光储七种运行组态，分别为：风力发电、储能发电、太阳能光伏发电、"风+光"发电、"光+储"发电、"风+储"发电、"风+光+储"发电。

问题3：你听说过利用联合发电形式满足自身供电需求的小岛吗？

答：许多小岛四面环海、远离大陆，而岛上化石能源又相对匮乏，小岛只能依靠自己的力量生产电力、自给自足。浙江舟山市就有这样一座"自立"的小岛——浙江舟山东福山岛。东福山岛利用风光油储联合发电形式实现了电力的自给自足，也成为截至2012年底亚洲最大的孤岛微电网系统。

索　引